里奥历险记

奇妙的大陆

张顺燕 主编

吉林科学技术出版社

图书在版编目（CIP）数据

奇妙的大陆 / 张顺燕主编 . — 长春：吉林科学技术出版社，2019.8（2022.3重印）
（里奥历险记）
ISBN 978-7-5578-4484-4

Ⅰ．①奇… Ⅱ．①张… Ⅲ．①数学－少儿读物 Ⅳ．① O1-49

中国版本图书馆 CIP 数据核字（2018）第 116290 号

QIMIAO DE DALU

奇妙的大陆

主　　编　　张顺燕
出 版 人　　李　梁
责任编辑　　端金香　李思言
封面设计　　长春美印图文设计有限公司
制　　版　　长春美印图文设计有限公司
幅面尺寸　　170 mm×240 mm
字　　数　　94千字
印　　张　　7.5
版　　次　　2019年8月第1版
印　　次　　2022年3月第2次印刷

出　　版　　吉林科学技术出版社
发　　行　　吉林科学技术出版社
地　　址　　长春市福祉大路5788号龙腾国际大厦A座
邮　　编　　130000
发行部电话/传真　　0431-81629529　81629530　81629531
　　　　　　　　　　81629532　81629533　81629534
储运部电话　　0431-86059116
编辑部电话　　0431-81629517
印　　刷　　北京一鑫印务有限责任公司

书　　号　　ISBN 978-7-5578-4484-4
定　　价　　29.80元

　　为使孩子对数学产生浓厚兴趣，培养孩子的逻辑思考能力，弥补现行课堂上数学教育的不足，我们编辑了本丛书，它的内容生活化、趣味化，以曲折离奇的故事情节，轻松幽默的语言方式，将数学知识点巧妙贯穿始终，而且所涉及的知识点与小学数学知识同步，是一套既有趣又实用的课外数学辅导用书。

　　数学本源于生活，也同样应用于生活。它不应该仅是一堆机械的符号和冰冷的公式。

　　然而，通常老师在教授数学时，往往将着重点放在如何解题能解得又快又巧、如何取得高分数上，而忽略了很多基础的数学概念及方法。真正的数学教育

是传授孩子以自我建构的数学方法，来达到认知世界的目的，这样获得的数学知识才能根深蒂固，并能融入生活。

书中的漫画风格极为活泼幽默，连贯的画面给人以欣赏动画大片的视觉效果，小主人公们性格各异、善恶分明，使同龄的孩子们更容易接受并产生共鸣，从而在不知不觉中爱上数学。

北京大学数学教授、百家讲坛讲师

张顺燕

主人公介绍

一只拥有超级智慧的小狗，极富爱心和正义感，是里奥的伙伴。

拉拉

能够拯救数学大陆的小学生，10岁，性格活泼热情，是像狮子一样勇敢的孩子。

里奥

一个小商人，活泼机灵，富有正义感。最大的梦想就是在集市上摆个小摊而不用交摊位费。

伊本

一个神秘的黑色斗篷男，阴险狡诈，坏点子特别多，为达目的不择手段。

黑衣人

数学王国的国王，在数学方面，无所不知。不幸的是，代表智慧的数学宝石丢失了，数学王国面临巨大的灾难。奴亚国王希望里奥能帮助自己找回数学宝石，拯救数学王国。

奴亚

萨尔

波得彼斯国的国王。他有一棵宝石树，树上结满数不清的宝石，可是这棵宝石树最近开始枯萎。只有里奥才能找到龙骨，救活他的宝石树。

主人公介绍

小龙

阿本

依卡

它们是水中龙族的一个家庭。为拯救整个沙漠城市里的水源，它们和里奥等人联合起来，共同对抗邪恶的黑衣人。

它们是沙漠里地下洞穴中的王者，活泼好动，力大无穷。它们在识破黑衣人的诡计后，帮助里奥打败了黑衣人。

沙鼠

目录 | CONTENTS

这天晚上，里奥正在做数学题，突然看见一场很大的流星雨。

奇怪……奔着
这边来了……

里奥跑出卧室，爬上天台，这颗流星更近了……

噢……
哇……

里奥终于醒了……他眨眨眼睛，再次眨着眼睛，以为自己看花了……

啊！

你终于醒了……

狗……你会说话？

这是哪里？

这里是数学大陆……我是数学王国的使者狗精灵，我叫拉拉。今后可是你最好的朋友呢。

不要担心，我们不会伤害你……反而你会拯救整个数学王国呢，因为你可是数学天才呀。

每过几百年，数学王国都会有一位天才降生到人类世界。虽然有关数学王国里的一切记忆都消失了，却仍然最具有数学天分，长大了会是数学家。

数学家?

会的，你会做出很大的贡献呢……可现在，我们需要你的帮助。

国王把数学王国这次经历的灾难告诉了里奥，王国的不幸遭遇，令里奥战胜了对陌生环境的恐惧，他决定要找回破碎成六块的数学宝石。

啊！

里奥，
站稳了。

刺眼的白光消失后，里奥从空中翻滚着跌到了一只骆驼身上。

砰！

伊本因为里奥的话气坏了。

可是里面根本就没有几滴水了啊。

你……你知道吗?那是我的全部。

我迷路了,在沙漠里行走了一个月,这下死定了。

一个倒霉的商人。

我也好渴呀。赶快去附近的城市喝点水吧。

你在开什么玩笑！

飞毯，飞毯！

你们快上来吧！前面来了一阵龙卷风。

飞毯载着里奥、拉拉和伊本进入了沙漠中一个最大的王国——波得彼斯国。

我不仅有飞毯，还能招唤出各种道具配合数学魔法一起使用呢！

好大的市场……拉拉，你还没有告诉我，你有飞毯。

真不愧是狗精灵。这么说，奴亚国王说的都是真的，数学大陆由于数学宝石破碎而分裂成六块，我们要到每一块大陆上去寻找遗落的宝石碎片。

是啊，现在要寻找的是第一块。

黑魔岛的岛主会不会藏在这里呀？

他是离不开黑魔岛的，但他还有手下，提防一些吧！

伊本打断里奥和拉拉的谈话。

谢谢你们！作为报答，我告诉你们一个秘密。

你说的是真的吗?

在这个王国的皇宫宝库里,生长着一棵宝石树,树枝上结了许多举世罕见的珠宝。

一点不假!听说,现在有一条邪恶的虫子躲在树身里,导致宝石树快要死掉了。国王有令,谁能除掉这条虫子,就可以得到一块无比珍贵的宝石碎片。

树里生了虫?

只要有它守护着那棵树，虫子就不敢去咬树根，只敢在树干里活动。

为什么说这个宝石碎片无比珍贵呢？

太不寻常了，我们去看看！

我们一起去试试吧！瞧！我口袋里有一袋特效除虫药。

看来，普通的药根本就不能伤害这条虫子……

伊本把骆驼寄养在一家客店，三个人便前往国王的宝库。

穿过几条繁华的街道，大家在皇宫门前停下了脚步。

有了那棵宝石树，当然能建造这样一座宫殿。

一座由宝石建造的宫殿……

想要进皇宫除虫，得验证一下你们的聪明才智。把4颗宝石放在两个不同的陶罐中，并且保证每个陶罐都装有宝石，有几种放法？

每到一个陌生的环境，我就受到这种待遇……

让我算一算……

只有三秒钟……

我知道!

这问题几乎没有人能在规定时间内答对，这孩子反应真快!

有三种情况：第一种情况是，两个陶罐，一个陶罐里有1颗宝石，另一个里面有3颗；第二种情况是，两个陶罐，一个陶罐里有3颗宝石，另一个陶罐里有1颗；第三种情况是，两个陶罐，每个陶罐里各有2颗宝石。

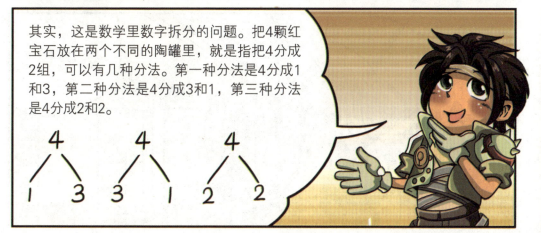

其实，这是数学里数字拆分的问题。把4颗红宝石放在两个不同的陶罐里，就是指把4分成2组，可以有几种分法。第一种分法是4分成1和3，第二种分法是4分成3和1，第三种分法是4分成2和2。

答对问题的里奥、拉拉和伊本，被请进皇宫。

这边请。

连脚下的路都是金子打造的！

沙漠中的水贵如黄金，我们受到的可是最盛情的款待。

盛水的盆子也是金的啊！

这边请！

28

大家被带到闷闷不乐的国王萨尔面前。

又来三个……但愿不是来骗水喝的。

好大的宝库。

想要在这里找出宝石碎片可不是那么容易，幸好它在那……

在宝石树前，国王流下了眼泪……

自从这条虫子躲到树干里，树顶上就萦绕着一片不祥的黑雾。

啊！果然没错……是被黑魔岛的邪魔法喂养大的毒虫！

最近发生了什么怪事吗？

有一个黑衣人自称他的泉水可以滋养万物，献给我，让我浇这棵奇树。刚开始，枝繁叶茂……可不久里面生了黑虫，宝石树就一天天枯萎下去。

水里有毒虫，它钻进树干里，一旦长大，就会啃食树木。

黑衣人为什么要这样做？

很明显，他是为这颗数学宝石碎片而来……可为什么啊？

快看！宝石不见了。

一定是刚才的侍卫长拿走的，我闻到了他的气味……

天哪，我早该有所防备。自从这个侍卫长来后，王国里总是发生怪事……不幸还是发生了。

飞毯，飞毯！

拉拉和里奥乘坐飞毯去追赶侍卫长。

拉拉和里奥没有追上侍卫长，只好返回皇宫。

没有了那块能量无边的宝石碎片，我的宝石树凶多吉少了……

别担心，我知道怎样消灭毒虫……在动物界中，蛇会蜕皮，龙能换骨。只要找到龙换下的骨头，研成粉末，就能把毒虫杀死。

孩子们，你们一定要救这棵树呀！

虫子在吃树根，我们得赶快行动了。

伊本在集市游逛，看到了里奥和拉拉乘坐飞毯正飞过。

等等我！

我以为他走了呢……居然卖上香料了……

我只是花了两个金币新买了件衣服……刚才我的药粉没除死虫子，使国王大怒，要不是跑得快，后果不堪设想啊！

我一直在等你们，带我去吧……说不准我也能找到龙骨，帮助国王。这样，以后在这里卖首饰可能就不用交租金了。

多一个人就多一分力量，上来吧。

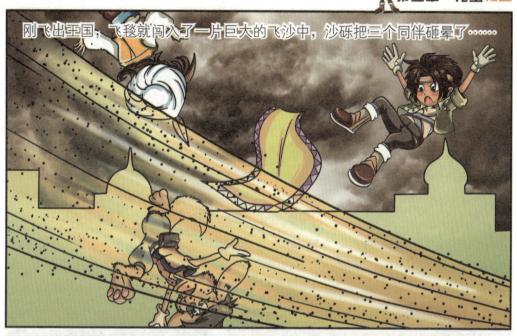

刚飞出王国，飞毯就闯入了一片巨大的飞沙中，沙砾把三个同伴砸晕了……

救命啊！

刚才是什么发出的亮光……那个黑影是不是怪物？

水中充满了它的味道……我们身上也有……刚才的光是它的身体发出的——与其在这里疑惑，不如找个地方烘干衣服吧！

伸手不见五指。

是，是，好冷啊。

三个人终于找到了一个干燥的洞穴，拉拉生起一堆篝火，大家脱下了湿漉漉的衣服。

不知什么时候能走出去……这里很适合晚上睡觉啊！

洞这么滑，又很温暖，与别的地方很是不同，还有一股跟水里一样的味道……

沙漠中只有一个丽高石窟，其他地方不会有洞穴……我们可能在石窟里……

什么声音？

里奥和拉拉乘坐飞毯逃过了巨龙的利爪，却发现伊本不见了。

快逃啊！

伊本呢？

听！

为了救出伊本，里奥和拉拉决定回到刚刚逃离的洞穴。

返回去。

不……
不要……

不要伤害他！

是你们……偷走了我的龙蛋？

还我的龙蛋!

我们来时这里就空空的，什么也没有。瞧！拉拉的腰包里没有龙蛋。

我没有拿！

一定是误会……我们刚到这里不久，是来寻找龙骨的。

龙骨?

心思邪恶的家伙们!
竟然想要龙骨……
看来,龙蛋一定是
你们偷的。

就在巨龙扑向拉拉时,旁边黑暗的河道里钻出另一条龙。

住手!

依卡，你难道不心疼我们丢的龙蛋吗？

阿本，我刚才发现了一个鬼鬼祟祟的黑衣人，正要追踪他……

这几个人突然从天而降，跌进了水里。我把他们推到了岸上。

谢谢你！在路上遇到一阵沙尘暴，我的飞毯出了点故障，所以才突然出现在这里。

前几天我也看到了黑衣人，可刚要追上去，他却消失了……看！那边是什么？

啊！是龙蛋！这是怎么回事？

一定是黑衣人藏在这里的!

小心!

看到龙蛋破裂，拉拉与里奥都吓坏了⋯⋯⋯没想到从一个破碎蛋壳里探出一只稚嫩的脚掌。

是小龙吗？

呜啦呀哈⋯⋯

好大的小龙啊……我们怎么可能盗走这么大的龙蛋……

可是阿本不一定相信……

我的屁股好痛……咕叽咕叽……摔得好痛。

我们没有偷它……我可以走了吗?

溜……

不管怎么说，是你们的出现才让我的龙蛋消失……我可从没放走过一个敌人……别怪我出难题，回答对才能够离开。

我……

别解释了，没看出来吗，跟它是解释不通的。

升！

快救我！

啊！这正是我们要找的龙骨。传说龙治水，把研成末的龙骨抹在杯子四周，水不管高出多少，都不会溢出来……今天终于见到了。

我可不是让你们欣赏杯子的，而是比多少！说说，它们有什么不同？

五只龟，却有六只龙骨制成的夜光水杯。杯子多，龟少。

四条蝾螈，四条鱼，它们是一样多的。

多

同样多

真是个心思细腻的小家伙……你回答对了。

阿本用尾巴将伊本甩给两个少年，里奥和拉拉连忙接住伊本。

谢谢你们！

快逃啊。

你忘了我们来这里的目的了吗？

别走！

没有水，沙漠里的王国将会消亡。这几天我发现溶洞里的水在迅速减少。

真不是我们干的。

我们先听听依卡怎么说！

就在黑衣人出现那一天，水开始减少。今天黑衣人再次出现，龙蛋被偷……在追踪他时，我的脚受伤了……

我早就闻到了一股血腥味……

咕叽咕叽。

依卡走向前，伸出隐藏在黑暗中的后脚，上面有一片黑色的伤痕。

啊！是邪魔法。

邪魔法？

神奇的数学，请赐予我力量！神奇的数字3，正义的能量！

伊本连忙趁机提起了他们来寻找龙骨的事情。

谢谢你们救了依卡！

每隔100年，我们都会换一次龙骨……浮起来！

谢谢！

现在，龙骨已经拿到，我们要赶快回去拯救宝石树，再去找数学宝石碎片。

哈哈……没那么容易！

救……救命！

里奥，坚持住……我早该想到，黑衣人是想把我们骗到偏僻的地方除掉……

这么说，河水消失也跟龙鳞有关！

平静，平静！啊！一定是我的龙鳞被盗走了……有人利用它让河水上涨。

阿本好不容易让河水平静下来，它把里奥和伊本救到了岸上。

当依卡发现心爱的小龙不见时，发出一声尖叫……

我的儿子！

这么大的水不知把小龙冲到了哪里，我们得帮助依卡和阿本。

但愿一切顺利，快行动吧！

我怀疑黑衣人跟黑魔岛有关。黑魔岛的岛主由于被数学王国的魔法师攻击，已被封印在黑魔岛，无法出来干坏事，可这里却出现了邪魔法……一定是有手下替他干坏事。

虽然已经得到龙骨，可以马上返回波得彼斯国，但大家还是决定留下来。

好黑啊。

为了救小龙，也只有这样了。

小龙！ 小龙！ 你在哪里？

是傲卡和阿本。

飞毯飞向依卡和阿本，水面上突然升起的一座石堡，迫使飞毯停在原地。

说，墙壁上凸起的砖一共有几块？

火越来越大了！

快啊，里奥，我们得救它们。

我知道啦！这是一道数学加法题。加法题的公式是加数+加数=和。
左边有3块，右边有2块，问一共有多少块，就是要我们算出3+2等于多少。利用加数+加数=和，我们先找出两个加数，3和2，列出公式是3+2=5，一共有5块。

啊！

去，马上救阿本和依卡。

好热啊！

啊！我的衣服烧着了。

拉拉使出了数学魔法。

神奇的数学，请赐予我力量！神奇的数字9！数字9变成一个菱形盒，把火吸入盒中。

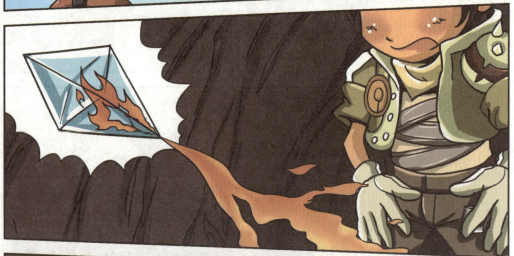

哇……啊！

它们在那里。

谢谢你们！请帮我们找回可怜的小龙吧。

我不会放过你！

阿本……快追上他，不然他可能又会遇到什么可怕的陷阱。

飞毯在上面飞，阿本在下面游。

大家追上阿本，一同朝着洞窟深处前进。

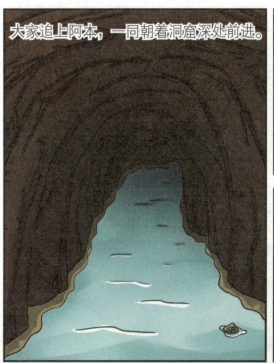

我的儿子！

小龙！

小龙，你在哪里？

闻这味道……小龙应该就在附近，仔细找找。

气味越来越浓了……这边！

飞毯冲下去，在一个最黑暗的角落里发现了受伤的小龙。

伤得好重！

我的儿子，醒醒！

阿本将小龙的身体翻过来，小龙紧闭着眼睛。

小龙，小龙！

小龙才刚出生，就受了这么严重的伤……看样子没救了……

不！

！

里奥的话令大家心中燃起了希望。

小龙虽然伤得重，但并没有死去……只要找到数学宝石碎片，强大的能量就可以令它康复。

可是我们不熟悉这里，怎么找到黑衣人呢？

我们熟悉！

在依卡和阿本的带领下，飞毯在洞窟的通道里急行着。

停下！

这里有
黑衣人
的气味。

咕噜
咕噜……

啊！
小心……

松开我，松开我！

我的胳膊！

依卡帮助他们把怪物打入水中。

河水突然上涨，一个大浪把飞毯打入河中。

救……

啊！它们怎么变得这么大？

一定是数学宝石碎片的力量……它们变得更大了。

蝾螈们包围了侬卡和阿本。

平静，平静！

是他在搞鬼！

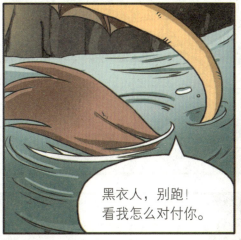

越往前游，侬卡越吃力……水越来越少了……

再这样下去，河里的鱼全都会死掉。

不仅如此，整个波得彼斯国里的井全都会干涸，沙漠中的人类将全部死去。

龙王不断地呼唤着小龙。

啊……我的儿子，你不要死，不要啊！

身体都快凉了……

72

这里的地下水是从什么地方冒出来的？我们去看看吧！说不准能遇到黑衣人。

一定要小心啊！

为了拯救小龙，依卡忍受着脚爪的疼痛，在干涸的河道里飞快地奔跑起来……

前方是
什么？
这么亮！

是传说中的
洞窟神龛！

王国的大巫师们每隔几年都会来这里
敬拜神龙。点起神龛里的火把后，会
把祭品投入河中。

小心！

现在它们可不是神龛了……而是你们的墓穴……如果回答不出这个问题，谁都无法活着离开！

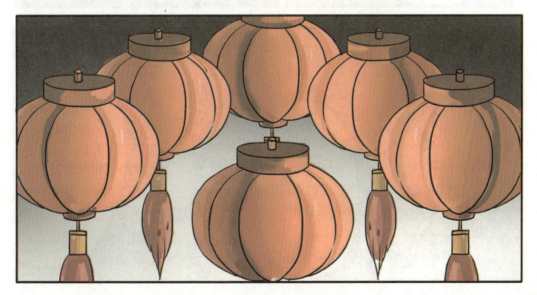

说，上面这些没有数字的神龛里应该填上数字几？如果回答错误……你们应该见识过那只壁虎了……

神奇的数学……他消失了！

拉拉刚要使出数学魔法，黑衣人就消失了。

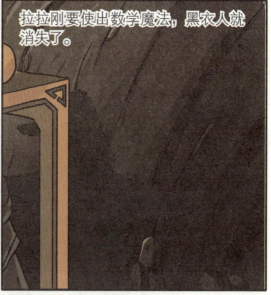

要快啊！小龙的情况越来越糟了。

如果冒失地往前走，一定还会有毒针射出来，只能回答问题了。

小龙的糟糕状况让里奥非常着急。

这实际上是一道按顺序填空的数学题，我们要找准规律，把空格里的数字填上。仔细观察，就会发现问题所在。

第一盏灯笼是0。

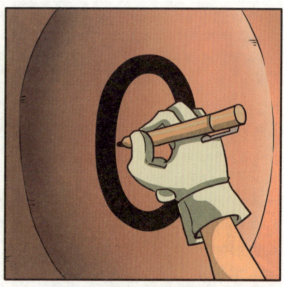

那么，按照数字由小到大的排列顺序，0之后是数字1，第二个神龛里肯定是数字1了。

1后面的数字是2，第三个神龛里是数字2。依次排列，第四个肯定是数字3了。

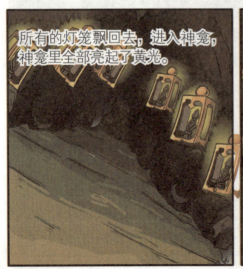

所有的灯笼飘回去，进入神龛，神龛里全部亮起了黄光。

现在，六个神龛里依次出现0、1、2、3、4、5，我们已经按照从小到大的排列顺序填好了。看，它们在下降！

神龛消失后，大家带着小龙顺利通过，继续朝前走去。

一定不能再让黑衣人逃掉了……他到底在哪里？！

呼吸快消失了……

小龙！

现在更要冷静……黑衣人一定会利用这个时候再施诡计……

前方的河道岔口，一个隧道里出现了无数巨大的石球，朝大家滚来。

果然！

神奇的数学，请赐予我力量！神奇的数字10！

先不要顾那么多……

数字10变成一件斗篷，拉拉披上，悄悄往隧道深处接近。

小心！

差点儿被石头击中的里奥睁开了眼睛，听到一阵哭声……

如果是在波得彼斯国……可……全完了……

啊！小龙！

一阵风吹来，在侬卡身边停下……

呼呼~~

呜里哇啦……
妈妈！

呜呜……

拉拉，你刚才去了哪里？是怎么夺回数学宝石碎片的？

趁着黑衣人朝大家扔石头时，我悄悄跟上了他……我们在隧道里打了起来……

阿本！

呼呼~~

我看拉拉走进隧道，也跟了上去……

黑衣人以为只有拉拉一个人，没想到阿本——你却出现在他的后面……

我趁黑衣人和拉拉战斗时，从后面袭击了黑衣人。黑衣人受了伤……龙鳞在他手里，我们可要小心啊！

阿本说，神奇的龙鳞是龙祖先留下的，只要有它在，洞窟里的地下水就永远也不会枯竭。如果被带出去，地下水就会消失。

所以，我们一定要夺回龙鳞。

拉拉、里奥，你们一定要想办法夺回来。要不然整个波得彼斯国就会毁掉。

沙漠中的王国如果缺水就会消失。阿本提起了曾经繁荣昌盛的妙西国。

这个洞窟在很早以前，是一片巨大的王国湖泊。由于被黑魔岛的岛主破坏，王国变成了一片沙漠。

由于湖底有我们龙族和神奇的龙鳞，才保存了一点儿水源。

地下水的源头正是海川的裂缝，龙鳞使海水源源不断地涌入洞窟，由一个分支通往波得彼斯河。

我听说这里的地下河通向大海，是真的吗？

我带你们去。

由于河床干涸，前面的路越来越不好走。

可怜的鱼儿……

阿本，到飞毯上来吧。我感觉这里不对劲儿。

马上就要到了……

可是，前方没有路了。

就是这里……

好大的水，怎么办……

一只巨大的"船"冲向大家……

小龙，贴紧妈妈……是吸饱水的龙鳞。

船……好怪，是什么东西？

黑衣人利用龙鳞掀起水龙卷，里奥一行人被卷入水中，洞窟也要被冲塌了。

阿本借着水势游向龙鳞……

我——我要死了吗?

咕咕……

坚持住,
我来救你们!

啊！

阿本一头扎向龙鳞……

平静，平静！

巨大龙鳞开始缩小，贴到阿本身上，嵌入到其他龙鳞之间。

汹涌的河水终于平静下来。

阿本身上的龙鳞在闪光。

现在我们不用害怕黑衣人再利用龙鳞了。

当然，别忘了，我们可是水中龙族。

好大的威力……一片龙鳞可以吸这么多水吗?

不知黑衣人躲到了什么地方，他在这里一天，我们就不得安宁。

找找看。

千万不能让黑衣人毁掉宝贵的龙骨。

我等你们多时了！

经过半天的寻找，大家终于在洞窟的龙骨堆旁找到了黑衣人。

咕咕……

住手！

神奇的数学,
请赐予我力量!
神奇的数字0!

啊!

你还要使
什么花招?
别忘了……
我很容易
毁掉这些
龙骨……

我先拿起5块龙骨,
又拿起1块龙骨,
然后把它们放在
一起……只要你们
能猜出我的意图,
龙骨就会停止熔化。

它们的大小一样……

不要破坏……
呜啦……

这……
是……

里奥，全看你的了，千万不要让黑衣人得逞啊。

我知道了！

你先拿起5块龙骨，又拿起1块，把它们放在一起，肯定是指加在一起是多少块。这其实是一道数学加法题。

加法题的公式是加数+加数=和。5和1是加数，放在一起是求和。列出算式是5+1=6。

啊！

我们的游戏还没有结束……别忘了，宝石树就要死掉了……

一小块……

不好，黑衣人一定是想去破坏那棵树，不能让他跑掉。

等等我！

在洞窟的出口……

也要谢谢你们几次救了我们啊！如果没有你们，我们早就被大水淹死了。

前面好像要起沙尘暴了，我们该上路了。

也谢谢你们帮我们找回龙鳞。

谢谢你们救了我的小龙。

再见！

除了拯救宝石树的那一块龙骨……就让龙族的秘密留下吧！

飞毯刚冲向远方的王国，一阵黑色的沙尘暴迎面而来……

这是什么？

抓紧飞毯！

伊本、里奥和拉拉坠到了一栋
房子上……

哇！

他们在那里。

里奥和拉拉被带进院子深处的一间房子里……

我的帽子!

你该注意的是脑袋。来人，把他们拉出去……

慢着……还没有问清楚，为什么就要下命令!

大胆……早就有人看到是你们三个人，破坏了沙漠中的水源，差点毁掉整个王国……幸亏发现得及时。

是我们赶走了黑衣人。

啊！

让大家看看你的真实身份……

神奇的数学，请赐予我力量！神奇的数字2！

既然发现了……

黑暗，力量，力量！

眨眼间，漂亮的庄院变成了沙鼠的可怕洞穴。

飞毯，飞毯！

我们上当了，这不是王宫。

我的飞毯！

如果在1分钟内回答不出墙上的问题，你们就要喂沙鼠啦。

黑衣人乘坐飞毯飞走后，沙鼠的洞穴里响起了隆隆的坍塌声。

一共有10个金桃子，旁边一个沙鼠抱走2个，还剩几个？

里奥，你看！

别怕……
不要怕……
我知道答案！

这是一道数学的减法算式。在减法算式中，减号前面的数是被减数，减号后面的数是减数，等号后面的数是差。被减数－减数＝差。

勇敢的里奥战胜恐惧，思考出了答案。

一共有10个桃子，10是被减数，沙鼠抱走了2个，2是减数，问还剩下几个，实际上是求差。列出减法算式是：10-2=8，剩了8个桃子。

这是一个地洞，我们进去看看。

走了很长的一段路后，三个人被一群沙鼠拦住了。

吱吱吱！

它们以为是我们破坏了它们的洞穴。

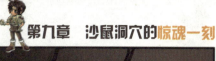

里奥和拉拉腹背受敌。

龙可是沙漠中的霸王,所有动物都害怕……龙骨……我的龙骨不见啦!

我这里有!

三个人终于摆脱了危险，可是没有飞毯，他们就无法找到波得彼斯国……

好险……

怎么办！

在那里！

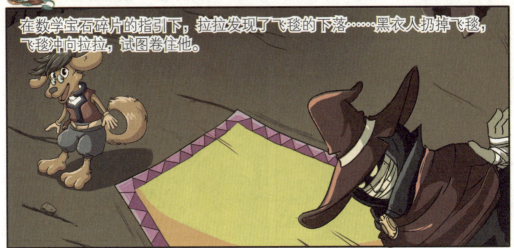

在数学宝石碎片的指引下，拉拉发现了飞毯的下落……黑衣人扔掉飞毯，飞毯冲向拉拉，试图卷住他。

飞毯，飞毯！

沙鼠终于发现了他们真正的敌人……

真是没想到，你们竟然也跟我过不去！

在沙鼠的帮助下，大家终于走出了庞大的洞穴。

好肥大的沙鼠……
再见，鼠朋友！

谢谢你们！

飞毯，飞毯，
前进吧！

皇宫在那里！

英雄凯旋啦！

去皇宫！

国王连忙让他们走进宝库。

啊……树根要被咬断了。幸好我们得到了龙骨。

马上把这个研成粉末。

宝石树被医治好，拉拉和里奥受到了盛情款待，伊本被任命为自由集市的管理员。

我做梦也没有想到……里奥、拉拉，这全是你们的功劳呀！

没有你的医术，小龙也许早就死了。你才是最该感谢的人。

保重啊！等到数学大陆重新合并，我们又可以相见了。

伊本上前拥抱了里奥和拉拉。

休息了两天后，里奥和拉拉要上路了。

谢谢你们，波得彼斯国随时欢迎你们的到来！

再见！

再见！

再见！

哦，哇！
老鹰！……
好险！

拉拉，你的飞行技术好差。

可刚才明明什么也没有。

晴朗的天空突然电闪雷鸣，拉拉起了疑心……